Zhongguo Wenhua
Zhishi Duben

中国文化知识读本

盆 景

吉林出版集团有限责任公司

吉林文史出版社

主编 金开诚

编著 张凯军

图书在版编目（CIP）数据

盆景/张凯军编著 .—长春：吉林出版集团有限
责任公司：吉林文史出版社，2009.12（2022.1 重印）
（中国文化知识读本）
ISBN 978-7-5463-1536-2

Ⅰ . ①盆… Ⅱ . ①张… Ⅲ . ①盆景－观赏园艺－中国
Ⅳ . ① S688.1

中国版本图书馆 CIP 数据核字（2009）第 222512 号

盆景

PEN JING

主编/ 金开诚 编著/张凯军
项目负责/崔博华 责任编辑/崔博华 曹恒
责任校对/王明智 装帧设计/曹恒
出版发行/吉林文史出版社 吉林出版集团有限责任公司
地址/长春市人民大街4646号 邮编/130021
电话/0431-86037503 传真/0431-86037589
印刷/三河市金兆印刷装订有限公司
版次/2009 年 12 月第 1 版 2022 年 1 月第 4 次印刷
开本/650mm×960mm 1/16
印张/8 字数/30千
书号/ISBN 978-7-5463-1536-2
定价/34.80元

关于《中国文化知识读本》

文化是一种社会现象，是人类物质文明和精神文明有机融合的产物；同时又是一种历史现象，是社会的历史沉积。当今世界，随着经济全球化进程的加快，人们也越来越重视本民族的文化。我们只有加强对本民族文化的继承和创新，才能更好地弘扬民族精神，增强民族凝聚力。历史经验告诉我们，任何一个民族要想屹立于世界民族之林，必须具有自尊、自信、自强的民族意识。文化是维系一个民族生存和发展的强大动力。一个民族的存在依赖文化，文化的解体就是一个民族的消亡。

随着我国综合国力的日益强大，广大民众对重塑民族自尊心和自豪感的愿望日益迫切。作为民族大家庭中的一员，将源远流长、博大精深的中国文化继承并传播给广大群众，特别是青年一代，是我们出版人义不容辞的责任。

《中国文化知识读本》是由吉林出版集团有限责任公司和吉林文史出版社组织国内知名专家学者编写的一套旨在传播中华五千年优秀传统文化，提高全民文化修养的大型知识读本。该书在深入挖掘和整理中华优秀传统文化成果的同时，结合社会发展，注入了时代精神。书中优美生动的文字、简明通俗的语言、图文并茂的形式，把中国文化中的物态文化、制度文化、行为文化、精神文化等知识要点全面展示给读者。点点滴滴的文化知识仿佛繁星，组成了灿烂辉煌的中国文化的天穹。

希望本书能为弘扬中华五千年优秀传统文化、增强各民族团结、构建社会主义和谐社会尽一份绵薄之力，也坚信我们的中华民族一定能够早日实现伟大复兴！

目录

一 中国盆景的作用及其分类

盆景是一种珍贵而优美的艺术品

盆景作为一种珍贵而又优美的艺术品不但具有很高的观赏性而且在人们生活中起着非常重要的作用。首先，它作为人们家庭生活中的一种摆设丰富了人们的精神生活，人们通常在自己家中摆上一盆盆景，不仅对自己的身心健康有益，而且用盆景装点生活环境、美化生活，可以使人的精神倍加舒畅，人们可以调整自我情感从而达到自我放松、忘记一切烦恼的目的，因为盆景能带给人们一种愉快的感觉。其次，盆景在艺术方面也起着举足轻重的作用，它是中国传统的艺术珍品，有着悠久的历史，深受广大人们的喜爱，在世界也享有声誉，是栽培技术和造型艺术的结晶，是自然美与艺术美的结合，人们把盆景誉为"立体的画"和"无声的诗"。因此盆景又可提高人们的艺术修养，陶冶情操，单独的一盆盆景可以使人心胸开阔，培养人的高尚品质与道德情操，从而使人更加热爱自然，热爱生活。再次，盆景可以净化空气，改善生活环境，单独的一盆树桩盆景在进行光合作用时就可以保持室内的空气清新，湿度宜人，有的植物可以单独吸收有害气体，甚至有的可以杀灭细菌以保证人体健康。由于植物盆景主要以绿色为主，所以它既能保护眼睛又能调节精神，因此室内若能放置一盆茂盛的盆景便可创造一个清新、舒适、安宁、优美的环境，对人的健康起到积极的作用。最后，培养盆景可以学到植物科学知识，并且培养人们热爱劳动、勤于动手的好习惯。盆景本身就蕴涵着很多科学知识，它是一本活教材，它的构成离不开植物、山石和土壤。要培养好的盆景需要熟悉盆景中的植物的生长发育规律及其喜好，利用水分、湿度、土壤、肥料为植物创造一个适宜的环境，为修剪做准备。由此同时，掌握美学艺术，从而使创作者能表达出自己的特色。既然盆景在人们生活中扮演着如此重要的角色，那

盆景艺术深受人们的喜爱

中国盆景的作用及其分类

民居庭院里的盆景

么就让我们先来弄清楚什么是盆景，盆景与
其他园林艺术品的区别和联系。

随着人们物质生活水平的不断提高，人
们在精神生活上的追求也在增强，人文景观、
人文生活、人们对艺术品的欣赏与追求，有

成都武侯祠内的盆景

了跨越式的发展。与此同时人们对盆景的定义已不仅仅局限在对盆景事物的具体描述，人们开始用艺术化的语言来表述它。董祖淦先生利用多年的教学实践经验对彭春生先生的定义作了两点补充。

瘦西湖盆景园一景

第一点，盆景是通过盆景艺术家们的艺术造型而表现出的艺术作品。没有艺术造型就无法创作出盆景作品。与此可见，艺术造型是盆景制作的核心。因此在定义中应补充上"通过艺术造型"这一观点。

第二点，在"自然景观"中应补充"人文景观和人类活动"的内容。盆景是在盆内表现的艺术品，它表现自然景观，水、田、林、路、村落；牛、马、羊、虎、猴、鸟、鸡、鸭；以及木本、草本各类植物。"人文景观"主要表现的是各类建筑，如楼、台、亭、塔、板桥；柴门、月洞门；竹楼、草屋、瓦房以及各种船只。"人类活动"表现更为丰富，放牧、垂钓、抚琴、纳凉等可以表现出人们生活的方方面面。盆景"树阴笛声"表达的是：在盛夏时节，忽闻远处悠扬的笛声，循声眺望，可见树荫下一位少年正在吹笛。此情此景可谓绘声绘色，既表达了"大树底下好乘凉"的自然景色，又从"悠悠笛声中"表现了少年无忧无虑的快乐神态，主题虽也表现了自然景观，但更突出了"少年笛声"这一主题。由此，董祖淦先生对盆景下的定义是：在中国古代盆栽、玩石基础之上发展起来的，以树石为基本材料，通过艺术造型，在盆内表现自然景观、人文景观和人类活动的艺术品。

盆景园

盆景是我国独特的传统园林艺术之一，它是我国的盆栽园艺逐步发展到一定阶段，然后升华为盆栽技术与造型技术巧妙结合的产物。它是以植物和山石为基本材料，在盆中，用艺术的手法对植物的生长进行处理、雕琢、调整而表现一种风格，再进一步配上其他构件材料，经艺术加工合理布局，表现自然景观的艺术品。

盆景是艺术美的创造，同山水画和山水园林有着相似之处，很重视写意和抒情。

中国盆景的作用及其分类

精美别致的盆景

盆景源于自然又高于自然，被誉为"无声的诗，立体的画"，其诗意蕴涵于山谷之中，画意表达得栩栩如生，也有人称盆景为"凝固的音乐""有生命的艺雕"。盆景艺术品还能随着季节的变化展现出各种不同的景观，每一种色调都蕴涵着生机。经历代盆景艺术家的精心雕琢，以其鲜明的民族特色、古雅的艺术风格成为中国艺术宝库的瑰宝，享誉世界。

构成盆景的要素为：景、盆、几（架）。这三个要素分别代表的是树石、盆盎、几架，它们相互联系、相互影响、相互制约，密不可分，也就是通常所说的"景、盆、几"三位一体。景在盆景中为主体部分，盆、几"为从属部分。即一盆好的盆景，景、盆、几要相互配合默契、主次分明，注意避免把欣赏者的注意力引导到盆或几上来。盆、几无论在形状、体积、色彩等方面与景的关系要处理得协调、自然。要保持主客关系，这就是常说：一景二盆三几。

　　盆景是一个庞大的艺术体系，因此盆景在进行分类时方法有多种，根据盆景尺寸大小进行简单分类方法，根据盆景构成要素不同分类方法，根据盆景栽培者所表

恬静雅致的无锡梅园盆景园

中国盆景的作用及其分类

俊秀挺拔的歙县盆景

达的主体不同而分成的各种派别方法，还可以根据盆景级别的不同而进行分类——人们习惯于用"四级分类方法"对盆景在级别上进行分类处理。

若以尺寸为媒介可把盆景分为：微型盆景其高度仅为5公分，从播种或扦插到展出需要3—5年，寿命可达数十年。小型盆景的高度仅为5—15公分，需经5—10年以上的培育。中型盆景高度一般为15—30公分，而当盆景高度达到60公分则被认为是普通盆景，3年即可培育成功。

五针松盆景"一枝独秀"

所谓"四级分类方法"就是按"种——类——形——式"这四个级别对盆景分类。这种"四级分类方法"通过引用植物种群分类系统方式，即按等级顺序：界——门——纲——目——科——属——种的方法。植物分类学家认为：以"种"作为分类的起点，把"种"定为基本单位，然后集合相近的种为属，又将类似的属集合为科，类似相推集科为目，集目为纲，集纲为门，集门为界。这样就形成了一个完整的自然分类系统。此外，在园林、农业、园艺等应用科学及生产实践中，尚存在着大量的由人工培育的植物，这类植物原不存在于自然界中，而纯属人为创造出来的。所以植物分类学家均不以之作为自然分类系统的对象，但是这类植物对人类的生活是非常重要的，是园林、农业、园艺等应用科学的研究对象，这类由人工培育而成的植物，当达到一定数量成为生产资料时即可称为该种植物的"品种"。在园林、园艺等应用科学及生产实践中，植物的"品种"很多，盆景制作中也是如此，而且现代盆景制作是百家齐放、花样翻新。以有的分类方法已经不能适应发展的需求。由此提出了：种——类——形——式这四级分类方法。

歙县盆景构思巧妙

盆景

造型奇特的歙县盆景

利用"四级分类方法"可使盆景在第一级别"种"分成：树木盆景、山石盆景、树石盆景和艺术盆景。也可以通过盆景的三个要素之一"景"的重要性——"景"代表构成盆景主体的植物或山石，根据"景"的物质构成不同可把盆景分为两大类：一类是以植物为主要造型材料的盆景，称为树木盆景；另一类是以山石或山石代用物为主要材料的盆景，称为山水盆景。另外还有树石盆景与艺术盆景。

（一）树木盆景

树木盆景也称植物盆景，树木盆景是

以木本植物为主体，山石、人物、鸟兽等作陪衬，通过蟠扎、修剪、整形等方法进行长期的艺术加工和园艺栽培，用植物来制作各类造型，并且在盆钵中典型地再现大自然孤木或丛林神貌的艺术景象，统称为树木盆景。

孤傲的梅花盆景

树木盆景造型多式多样。根据所用树木材料种类不同，可分为松柏类、杂木类、花果类、稀有盆景植物类、藤蔓类。根据树木的根、干、枝、冠、形、盆的大小高矮，又可分成五种规格：高度或冠幅超过150厘米为特大型、80—150厘米为大型、40—80厘米为中型、10—40厘米为小型、不足10厘米的为微型。其中特大型、大型、中型以古老树桩为多，小型、微型一般都由幼苗培养及老枝扦插等方法获得。

根据观赏形体及部位，通过"四级分类方法"可把树木盆景的第二级别"类"的成分归纳为：树桩盆景、花木盆景、果树盆景、松柏盆景。树木盆景因造型手法不同，第三级别"型"通常分为：规则型、象形型、自然型。树木盆景按造型做法不同，又可分为十二种形式，这就是最后级别的"式"：直干式、斜干式、悬崖式、

山水盆景

卧干式、曲干式、多干式、枯干式、垂枝式、风动式、连根式、提根式、丛林式。

（二）山水盆景

山水盆景也称山石盆景，是用各种山石为主题材料制做各类造型的盆景。以大自然中的山水景象为范本，经过精选、切割、雕琢、修整和胶合等手法，置于浅口盆中，配置植物、景件，布局造景，盆内注水，展现悬崖绝壁、险峰丘壑、翠峦碧涧等各种山水景象。

山水盆景根据所用石材的不同，在"类"一级别分为软石类、硬石类等两类。根据意境表现不同，在"型"当中分为平远山型、深远山型、高远山型等，因石制宜创作出高于自然的山水景观。根据创作形式不同，又可分为二十三余种形"式"包括独峰、双峰、多峰、奇峰、大山、岗岭、奇岩、危岩、怪岩、立嶂、峭壁、悬崖、层峦、洞窟、平波、悬瀑、远山、岛屿、矶礁、溪涧、夹谷、坡坨、小径。

（三）树石盆景

树石盆景是以植物、山石、土为素材，分别应用创作树木盆景、山水盆景手法，按立意组合成景，在浅盆中典型地再现大自然树木、山水兼而有之景观神貌的艺术

杜鹃花盛开的盆景

品。树石盆景根据表现景观的不同，在"类"的级别分为旱盆景、水旱盆景、附石盆景和竹草盆景四类。根据表现意境的不同，在"型"的级别中分为自然景观型和仿画景观型两种。在"式"级别中树石盆景根据表现手法的不同，分为水畔式、溪涧式、江湖式、岛屿式、根包石式、根穿石式和综合式这七种形式。

（四）艺术盆景

艺术盆景也称异形盆景，它是在中国传统盆景缺乏多样、变化的构成形式，千盆一面的单调、呆板的规则式盆景，已经满足不了现代人的审美观点，因而就产生出一种新

风格独特的植物盆景

花色鲜艳的植物盆景

的构成形式——艺术盆景，具体地说是采用植物、天然材质综合现代技术、材料、手段，舍其次要的、共同的，突出主要的、个别的艺术手法，在艺术盆中体现新颖、别致的现代盆景艺术品。艺术盆景按选材、造形、创意手法不同，分为微缩抽象盆景、道具盆景、博古架盆景、异型盆景和壁挂盆景这五"类"。在"型"的级别中主要有碗型、壶型、瓶型、鼓型、山石型、石板型、木板型、塑钢型、盘型。

中国盆景的作用及其分类

二 中国古代盆景艺术状况

歙县鲍氏花园的大型盆景

提到盆景人们经常会想到盆栽与盆植。由于人们对盆景、盆栽和盆植容易产生混淆，并且三者之间在历史起源和发展之间有紧密的联系，因此更应当弄清盆栽与盆植所指，以有助于了解盆景。

盆栽就是指将自然的矮小的树木用一种美术的方法使它生长栽于盆内，抑制它的发育，不让它长得太高太野；盆栽的树木用人工的方式整修它的形态，经过艺术的处理、加工剪裁，调整树形，使它美化，表现出老树的苍古。盆植简单地说就是花盆中的植物。毕竟懂得并且研究盆景与盆栽的人极少，大多数也是以欣赏和种植盆植为乐趣。盆植的好处，正所为百花齐放，推陈出新，可以用接恰或播种的方式获得育成的新种。我们通过盆景、盆栽、盆植的定义最终可以归纳出：把植物种在花盆中的过程叫做盆植；所有种在花盆中的植物都叫盆栽；具有一定造型，植物本身成为一种景致的才叫盆景。

古人对于盆景、盆栽、盆植混淆不分，凡是栽种在盆子里的一概称之为盆景。清初的刘銮在《五石瓠》中写道："今人以盆盎间树石为玩，长者屈而短之，大者削而约之，或肤寸而结果实，或咫尺而蓄虫鱼，概称盆景。"这种有树有石，有旱景有水景的盆景，在现代人看来就是水旱盆景。清代，盆玩之风更盛，凡园林必备盆景。康熙皇帝留下一首《咏御制盆景榴花》诗，可见他自己也亲手制作过。诗云："小树枝头一点红，嫣然六月杂荷风。攒青叶里珊瑚朵，疑是彩银金碧丛。"康熙皇帝如此热衷于盆景艺术，必对当时的盆栽艺术有所推动。文字记载最早见于王羲之的《柬书堂帖》，里面提到莲的栽培："今岁植得千叶者数盆，亦便发花相继不绝。"《花

碧玺桃树盆景

红宝石梅寿长春盆景

史》《学圃杂疏》记载，唐玄宗曾一次就赠给虢国夫人红口水仙十二盆，"盆皆金玉七宝所造"。这些盆植作品代表了古代盆景技术的发展。

清代的"镶金缀玉的古代盆景艺术"代表了古代艺术盆景的最高峰，其中包括"碧儿桃树盆景""碧桃花树盆景""红油金漆龙埙""嵌玉石仙人祝寿图盆景""镶宝石九重春色图盆景""蜜蜡料石刘海戏蟾盆景""嵌珍珠宝石齐梅祝寿盆""红珊瑚树盆景""孔雀石嵌珠宝蓬莱仙境盆景""珊瑚翡翠吉庆有余盆""麻姑献寿盆景""象牙嵌玉石水仙盆景""碧玉万年青盆景""珊瑚宝石福寿绵长盆景""红宝石梅寿长春盆

盆景

象牙嵌玉石水仙盆景

景"。我们可以用现代人的思维把"象牙嵌玉石水仙盆景"与"碧玉万年青盆景"分为一组，同时"嵌玉石仙人祝寿图盆景"和"孔雀石嵌珠宝蓬莱仙境盆景"由于有相同的特点而分为一组。

象牙嵌玉石水仙盆景，清中期，造办处造，通高 30 厘米，盆径 18 — 13 厘米。清宫旧藏。青玉菊瓣洗式盆，四角雕成双叶菊花形，菊花上嵌红宝石、绿料，盆下腹又雕叶纹，上嵌绿料并错金线为脉络。盆中有青金石制湖石，并植五株染牙叶水仙，雕象牙为根，白玉为花，黄玉为心。

碧玉万年青盆景

盆景

026

水仙主题的盆景取"芝仙祝寿"之意，宫廷庆帝后寿诞之时，地方官多有呈进。据《宫中进单》载："乾隆五十六年十月二十七日，福康安来京呈进碧玉水仙盆景成对。"此件很可能即为其一。此盆景风格清雅，玉盆为典型的痕都斯坦风格，盆中景致牙叶挺拔，玉花明秀，反映出清代乾隆年间雕刻业盛期的工艺水平。

珍珠宝石齐梅祝寿盆景

　　碧玉万年青盆景，清中期，北京造，通高 51.5 厘米，盆高 16.5 厘米，口径 20 厘米，底径 16 厘米。清宫旧藏。盆呈筒式，涂红漆，口沿、底沿各饰描金卷草纹一周。盆体浅刻万字锦地及八仙人物纹并描金漆。盆中植碧玉万年青，叶片宽厚肥硕，挺拔如剑，碧绿茂盛。叶丛中立缠绿丝茎，茎上有以染骨、红珊瑚珠所制万年青籽三簇，珠粒红艳。此盆景将万年青植于筒中，寓"一统万年"之意。此件作品为清代帝后寿诞时宫廷的陈列品。

　　"象牙嵌玉石水仙盆景"与"碧玉万年青盆景"用现代人的目光来看则具有盆植的特征。

　　珊瑚宝石福寿绵长盆景，清中期，造办处造，通高 69 厘米，盆高 21 厘米，盆

珊瑚宝石福寿绵长盆景

径27－24.5厘米。清宫旧藏。铜胎银累丝海棠花式盆，口沿錾铜镀金蕉叶，近足处錾铜镀金蝠寿纹。盆壁以银累丝烧蓝工艺在四壁的菱花形开光中组成吉祥图案。盆正背两面为桃树、麒麟纹，左右两侧面为凤凰展翅纹。盆座面满铺珊瑚米珠串，中央垒绿色染石山，山上嵌制一株红珊瑚枝干的桃树，树上深绿色的翠叶丛中挂满各色蜜桃，有红、黄色的蜜蜡果，粉、蓝色的碧玺果，绿色的翡翠果，白色的砗磲及异形大珍珠镶制的果实，红、粉、黄、蓝、绿、白相间，五彩缤纷。此景盆工艺虽由于年代久远银丝已氧化

变黑，然而仍不掩其工艺之精湛。盆上桃
树景致枝红、叶绿、果艳，硕果累累，玲
珑珍奇，璀璨夺目。

红宝石梅寿长春盆景，清中期，造办处
造，通高 38.5 厘米，盆高 9 厘米，盆方径
22 － 14.5 厘米。清宫旧藏。錾金委角长
方形盆，盆上敞下敛，略呈门形，其口沿
錾如意纹，口沿下凸起如意云纹一周，盆
腹以万字雷纹锦为地，凸錾"寿"字一周
二十二个。盆中主景为梅花树，铜镀金树
干，翡翠小叶，红宝石花瓣，宝蓝心、金
蕊，意态生动。树下衬以青金石和白玉制
的湖石、嵌宝石灵芝、玉叶珊瑚珠万年青、

珊瑚宝石富贵满堂盆景

嵌珠宝万年仙寿盆景

点翠叶玛瑙茶花以及小草等，置景生气盎然，错落有致。梅花是清代盆景广泛采用的花卉，通常寓意"梅寿长春"或"梅寿万年"。此景以金为盆，盆壁上錾刻的万字地纹和"寿"字气派豪华，光灿耀目。梅花瓣所用红宝石共达二百八十四粒，一树晶莹的红梅与碧绿的翡翠叶相衬托，又与灿烂的金盆相辉映，再加以清雅的湖石和花卉小景，其风格富贵而热烈。此红宝石梅花盆景应是专为宫中帝后寿诞特制的祝寿礼物。

"珊瑚宝石福寿绵长盆景"与"红宝石

盆景

梅寿长春盆景"以现代人的思维可分类到
盆栽当中。

嵌玉石仙人祝寿图盆景，清中期，苏
州造，通高 7.3 厘米，座长 90 厘米，宽 37
厘米。清宫旧藏。紫檀木垂云纹八足随形
座，座边缘设铜镀金镂"万"字纹栏杆。
座中设天然木山，古意盎然。山中以白玉、
碧玉、玛瑙、翡翠、碧玺、松石等制作灵芝、
仙桃、瑶草嘉蕙等，于孔隙石笋之间倒挂
丛生，五色缤纷。山腰置一座蓝顶圆亭，
七位仙翁或立于山腰，或相伴行于山间，

嵌玉石仙人祝寿图盆景

中国古代盆景艺术状况

孔雀石嵌珠宝蓬莱仙境盆景

或对坐亭间畅谈。玉鹤口衔仙草飞悬在山顶，玉鹿则伏卧于山腰亭旁，仰望上方的灵草。此件寓意仙人祝寿的景观造型大方，人物刻画细腻，神态各异。花草与鸟兽等色泽清朗，疏密相间，错落有致，颇富情趣，是中、大型景观中的精心之作。

孔雀石嵌珠宝蓬莱仙境盆景，清乾隆时期，造办处造，通高43cm，座高5cm，座径41.5 — 30cm。清宫旧藏。紫檀木座上，苍绿的孔雀石垒山垫底，孔雀石前以大小红、蓝宝石堆砌成湖石。孔雀石山前景平台上遍植金银宝石制作的灵花仙草，仅灵芝即有异形珍珠、金累丝嵌宝石和珊瑚雕刻三种。山前后还有银烧蓝梅树、银镀金松树、珊瑚树和银镀金桃树，树上缀有珍珠花和碧玺桃果等。山间树下立白玉雕寿星、侍童及鹿，左侧梅树下立抱如意的铜镀金侍童，右侧松树下立背驮珍珠宝石的铜镀金仙鹤，这些金玉珠宝的造型共同构成洞天福地的景观。《史记·秦始皇本纪》中记："海中有三神山，名曰蓬莱、方丈、瀛洲，仙人居之。"此件"蓬莱仙境"盆景即以此为题，全部以珍珠、黄金、红蓝宝石及各种玉石堆砌而成，共用珍珠二百八十颗，

镶宝石九重春色图盆景

中国古代盆景艺术状况

珊瑚翡翠吉庆有余盆景

红蓝宝石三百多粒，碧玺和其他色彩石近一百粒。其山石玲珑剔透，花树奇异多姿，尽显荣华富丽，是清代宫廷造型工艺盆景中的珍品。

因为"嵌玉石仙人祝寿图盆景"和"孔雀石嵌珠宝蓬莱仙境盆景"具有真正现代盆景艺术的特征，因此它们无论在古代还是现代都是盆景艺术的代表作。

由于盆景是在盆栽、玩石等基础上发展起来的，因此古代人对盆景、盆栽、盆植分得并不是很清楚。因而，古人对盆景下的定义为以树、石为基本材料用一种栽培的方法，对它进行修剪培养，有的需要进行进一步的艺术加工，如体现古雅形态或配上一二拳石或石笋，在盆内表现自然景观的艺术品。

双耳活环金瓶松树花卉瓶景

时代不同，人们对盆景的理解不同，因此，对古代盆景的分类更是有其时代的理论与意义，对于现代人仅仅作为了解即可。古代人认为，盆景是大自然景物的缩影，是集园林栽培、文学、绘画等艺术，互相结合，融为一体的综合性造型艺术。盆景艺术家们运用技巧创作出布局合理、展示了各种深浅长度不等、行状各异、色彩质地因地制宜的、魅力无穷的盆景，经过一定艺术手法与造型思想培育出各式各样的花草树木，经艺术加工展示给人们各种山石，通过植物与山石相搭配使之呈现大自然的景色，并用超越自然的艺术思维构思出立体画面，这种造型艺术称为盆景艺术。盆景艺术是景致与情感的相互融合，是自然美与艺术美的有机结合，是自然神

金桃树延年益寿盆景

韵的凝聚，形神共现。它以植物、山、石、水、土等为素材，经过园艺师的构思设计、造型加工、精心护养而成。把它布置于咫尺盆中，"缩地千里""缩龙成寸"，可以展现大自然无限风光，所以古人把盆景誉为"立体的画"和"无声的诗"。随着时间和季节的变化。盆景艺术还可以呈现出不同的姿态、色彩和意境。它是"高等艺术"是有生命的"艺雕"。

中国古代盆景的发展从现有的历史文献记载中可得出结论，从汉代的击景，唐代的盆栽、盆池，宋代盆玩、盆山到元代的些子景、盆景，直至明清盆景的脉络，可知盆景中的树木盆景起源于盆栽，山石盆景起源于石玩。所以历史上最早对于盆景分类的记载多以植物或石种为主。相关记载的著作、诗词、图画极为丰富，如宋代赵希鹄《洞天清录·怪石辩》、元代画家饶自然所著《绘宗十二忌》等精辟地论述了山水画、盆景的制作及用石方法。清代嘉庆年间五溪苏灵著的《盆景偶录》二卷将所述的盆景植物分为四大家、七贤、十八学士和花草四雅。大体将盆景区分为树桩盆景和山石盆景，其中山石的记载多以地域定名分类。

三　中国古代盆景艺术的产生

关于盆景形成的时间，众说不一，人们一直将唐代作为盆景的形成时期。据清初的刘銮著《五石瓠》记载："今人以盆盎间树石为玩，长者屈而短之，大者削而约之，或肤寸而结果实，或咫尺而蓄虫鱼，概称盆景。想亦始自平泉，艮岳矣。"平泉为唐代宰相李德裕（787—849 年）在洛阳城南建造的大花园；艮岳为北宋皇帝徽宗（1082—1135 年）在开封建造的御花园。刘銮认为，盆景出现于平泉与艮岳的同时代，即唐宋两代。但在唐宋两代之前，我国的盆景已经出现。

根据是 1972 年考古工作者在陕西省乾陵发掘的唐代章怀太子李贤墓(建于706 年)，甬道东壁上绘有侍女手捧盆景壁画。该盆景

松树盆景

盆景

显示在黄色浅盆中有几块小山石，山石上长着两株小树，树上还结有果实；另一侍女托莲瓣形盘，盘中有一盆景，红果绿叶。所画的盆景与现代盆景非常近似，由此可以证明我国初唐时期已形成盆景。

北京故宫博物院内保存着一幅唐代画家阎立本绘的《职贡图》，图中有这样一个画面：在进贡的行列中有一人手托浅盆，盆中立着造型优美的山石，此物类似现代的山水盆景；在进贡的行列中有几人或手托山石。这更加使人们相信唐代盆景艺术与盆景制造达到较为成熟水平。

中国古代盆景艺术的产生

但是随着考古研究的深入和文献的研究，有史料证明中国的盆景艺术在隋朝就已经存在。据日本园艺史研究者岩佐亮二博士考证，隋炀帝杨广（605—617年）即位后，在穷奢极侈地营建宫苑的同时，还十分爱好佳木芳草。其《宴东堂》诗云："雨罢春光润，日落暝霞晖。海榴舒欲尽，山樱开未飞。清音出歌扇，浮香飘舞衣。翠帐全临户，金屏半隐扉。风花意无极，芳树晓禽归。"诗中的"海榴"又作"海石榴"，是指经海上（日本或朝鲜半岛）传来的山茶花；山茶花属亚热带常绿花木，不甚耐寒，诗中的山茶花能于早春在长安（今西安市）正常开花，由此可以断定此山茶花为室内盆栽。

"海榴"确实为山茶花，这在后世的文

苏州园林拙政园树石盆景

盆景

献中也得到了证明。《本草纲目·山茶》记载："时珍曰：海流茶花，蒂青。"同时，自汉代始，我国开始研究花木的室内栽培和温室栽培，至隋代是进一步发展。所以，岩佐亮二的推断可以说是正确的。但此盆栽"海榴"，不能作为盆景起源的根据，因为在此之前，我国盆景已经出现。

通过青州、临朐的考古发现和大量史料的证明，中国的盆景艺术在一千五百年前的北齐时代已经形成，并且已作为礼品向外宾赠送。这是一个极具史料价值的重大发现，为中国的盆景艺术增添了光辉的一页！将中国盆景艺术的形成时代，从唐代向前推进了一个半世纪。同时也证明早在北齐时代，中国的盆景艺术已传入了欧洲。

1986 年 4 月，在山东省临朐海浮山前山坳发现北齐古墓。墓四壁有色彩壁画。其中一壁画内有描绘主人欣赏盆景的场面。在一浅盆内，摆放着玲珑秀雅的山石，神态如痴如醉，栩栩如生。此外，山东青州发掘了一座北齐武平四年（573 年）的画像石刻墓，出土了九方画像石刻，其中的一方为"贸易商谈图"，描绘了主人与

造型奇特的树木盆景

中国古代盆景艺术的产生

罗马人进行贸易商谈时互赠礼品的场面。在罗马商人的身旁，站着的随从的手中托一浅盆，盆中放置一块高 19 厘米，下宽 16 厘米的青州怪石。该怪石山峰兀起，重峦叠峰，玲珑奇秀。

然而，考古工作的发现并没有停止脚步，考古学家又出土了大量文物使人们对盆景起源的年代又继续向前延伸。南北朝时期梁代萧子显在《南齐书》中记载："会稽剡县刻石山。"此处说的是在会稽剡县制作的工艺品刻山石，人们互相传送很有名气。从这一记载中可以看出，这一时期的山水盆景，不但已经有了发展，而且得到了普及。而南朝宋宗炳在他的《画山水序》中说："昆阆之形，可围于方寸之内；竖划三寸，当千仞之高；

清秀古雅的苏州拙政园盆景

盆景

横墨数尺，体百里之回。"精辟地论述了盆景小中见大的艺术手法，是盆景艺术浓缩自然、缩龙成寸手法的典型体现。

谈到晋朝的盆景起源及发展情况，崔友文于1961年在香港出版的《中国盆景发展略史》中记载道："中国盆景，据文字记载，晋朝（陶渊明）栽培菊花、芍药已盛，盆栽的开始或即起于此时。"文中大意为：高士陶渊明辞官隐居，栽培菊花、芍药，

叶片颜色鲜丽的盆景植物

开始培育盆栽。在另一本书《盆景》（作者徐晓白等）认为："六朝《南齐书》曾记载有'会稽剡县刻石山，祖传位名'。这可以算是盆景假山的滥觞。"

结合历史人们不难想到，这个时期战乱频繁，政局动荡，但人们向往和平安宁、衣食无忧的田园生活，因此，人们的思想活跃，纵情自然山水，呈现出多元化状态，同时也带动了艺术的多元化发展。由于人们对于山水的亲近，逐渐地了解了自然山水艺术的魅力，并且掀开了那层遮盖着艺术的神秘面纱，人们自觉地开始对自然有了更深的认识，形成了作为独立的审美对象的能力，对山水的自然崇拜转为以游览观赏为主要内容的审美活动，用文学、绘画、雕塑、园林、盆景等各种艺术形式讴歌自然的美丽，同时也带动了艺术思维发展和转变。诗人、画家进入自然中，将形形色色的自然景观作为审视对象，独立的山水画也孕育形成，山水欣赏体悟形而上的山水之道。山水诗和绘画一样蓬勃兴起，谢灵运是中国山水诗的开创者，"山水藉文章以显，文章亦凭山水以传"。东晋顾恺之，作画不重形似而重神似，"以形写神"，"以形媚道"，

盆景花卉特写

中国古代盆景艺术的产生

提出了"以形写神的绘画理论"。盆景艺术就是"以形媚道"和"以形写神"理论的产物和实践。魏晋南北朝时期，对园林的物质功能要求逐渐下降，而游赏的要求则增加，诗情画意写入园林中，浓缩山水，再现自然，并突破有限的空间，走向无限空间，成为中国自然山水的主要指导思想。山石盆景接受文学、绘画和园林艺术影响，以自然纯真取胜，追求诗情画意、画外之意和弦外之音。

当人们追溯到汉朝时，西汉与东汉对于盆景的起源学说也是有史证与物证的根据。在《盆景制作》一书中记载："早在西汉就出现了盆栽石榴的记载。"西汉时期，张

植物盆景的茎叶形态万千

盆景

骞出使西域，为了把西域的石榴引种到中原来，就采用了盆栽石榴的办法。这是迄今为止我国最早的木本植物盆栽的文字记载，从此也就完成了草本盆栽向木本盆栽的过渡。

西汉时代的十二峰陶砚，以细泥灰陶为材料，通高 16.5 厘米，直径约 20 厘米。前部塑十二山峰，内左右两山峰下各有一负山力士；峰脚有小孔，似为出水口，三足为叠石状。整个砚塑造有力，结构奇特，实为陶砚中之孤品。此陶砚塑出十二座兀立的山峰，环抱砚面。砚的左、右、背面的边缘塑九座，内层又塑三座。砚的研磨

红果绿叶的石榴盆景

中国古代盆景艺术的产生

千姿百态的植物盆景

面呈箕形，微微内凹，厚度约2厘米。内层正中的山峰上有一龙首水滴，通向砚背，设计颇为巧妙。砚底有三足，皆塑成叠石状。这表明我国在西汉时代对山石盆景艺术的发展已经达到很高的境界。

而在河北省望都县东汉墓壁绘画中，有盆栽花卉的画面：在一个园形盘中载着六枝红花，盆下配以方形架，形成植物、盆钵、几架三位一体的艺术形象。这一千七百多年前的绘画图形和现在的盆景极为相似，似乎已具备了植物、器皿和几架的组合体，也可视为艺术品，但仅是盆栽而已，尚不具备艺术内涵，充其量可视为原始的盆景雏形，也可以说这就是盆景的前身了。与此同时，在《中华盆景艺术》一书中记载："东汉费长房能集各地山川、鸟兽、人物、亭台、楼阁、帆船、舟车、树木、河流于一缶，世人誉为缩地之方。"从上看出缶景已不再是原始的盆栽形式了，已经成为了艺术盆栽，即真正盆景艺术了。这是迄今为止我国艺术盆栽的最早记载，也可以说艺术盆栽起始于汉代。

根据西汉的十二峰砚山、河北望都东汉墓壁画的盆栽植物模样以及晋代的假山，我们可以得出结论是汉、晋时代已仅为盆景的形成和起源奠定了文化基础和技术基础。另外，汉、晋时代的绘画和文献资料，还有出土文物为该学说提供了可靠的根据。

然而，对于盆景艺术思想起源和艺术萌芽的讨论与研究，人们已经得出部分结论，同时发现一些论据。

夏商周秦启蒙思想说：《岭南盆景》一书记载："盆景的起源远远早于唐代有近四千年的历史。"《史记》中记载：夏商周秦这个时期的玉雕、玩石和老庄思想为中国山水盆景的选材、造型、审美、技法等手工艺和审美艺术方面打下了深厚的物质基础和思想基础，对以后汉代盆景的

正在盛开的盆景花朵特写

中国古代盆景艺术的产生

形成影响深远。

新石器时代起源说：彭春生研究认为，"盆景其实起源于七千年前的新石器时代，物证是浙江余姚河姆考古，陶片绘有盆栽万年青图案。"1977 年考古工作者在浙江余姚县河姆渡新石器时代遗址（距今约七千年）的第四文化层中，出土了两块刻画有盆栽图案的陶器残块，一块是五叶纹陶块，刻画的图案保存完整，在带有短足的一长方形花盆内，阴刻着一株万年青状的植物，共五叶。另一块是三叶纹陶块，在刻有奇怪装饰图案的一长方形花盆上，也阴刻着一株万年青状的植物，共三叶。另外还有陶盆和各种植物、

风情万种的花卉盆景

盆景

大气磅礴的松柏类盆景

动物绘画及雕塑艺术品。说明当时不但有了盆栽，并且有了审美观的思想基础和产生盆栽技艺的艺术土壤，这是我国迄今为止发现的最早的盆栽，此时的盆栽也可视为最原始、最低级、最简单的盆景。但这个时期仅仅可以说是在盆景艺术的萌芽起步阶段。

由此可见，盆景起源的年代可以从人们一直认为的唐代向前推到汉代。人们从新石器时代对盆景艺术开始有所萌芽，到

中国古代盆景艺术的产生

意境高远的山石盆景

汉代与晋代盆景艺术的形成阶段人们在文化、艺术上有了飞跃的发展。汉代与晋代是盆景的初步形成期，人们对美好生活的向往与经济的飞速发展，同时人们的物质生活得到很大提高，使盆景艺术与盆景制作技术也在不断成熟。经历了南北朝、魏朝、隋朝的思想变化、政治改革与经济曲折的发展历程，人们的艺术文化也在走向成熟，直到唐代的政治、经济鼎盛时期，也带动了盆景艺术向着成熟阶段发展，此时唐代的盆景标志着我国盆景的起源阶段的完成，也就是说在唐代真正出现了盆景艺术。

四 中国古代盆景艺术的成熟

精巧绮丽的植物盆景

盆景艺术与盆景制作在唐代已经形成，由于唐代经济的强盛、文化的繁荣，极大地促进了盆景艺术与盆景技术的发展，不管是民间，还是王公大臣或宫廷，无不广泛制作盆景赏玩交流。其中陕西的盆景艺术较为突出，以唐章怀太子墓中甬道壁画有侍女手捧盆景图为代表，证明了盆景艺术的创作和发展由民间发展到宫苑装饰。同时一些优美的观花植物，被赋予了相当的人文内涵。

关于栽培盆景，我国唐代就有记载。唐人冯贽《记事珠》云："王维以黄瓷斗贮兰蕙，养以绮石，累年弥盛。"虽然和现代养水仙的方法相类似，但在这里他所制作的兰蕙盆景，配以山石，无不体现诗画审美意趣。大文豪韩愈更是将盆栽埋于地下，栽藕养鱼，青蛙跳跃，使盆景更具动感。到了近代人们用清水和石子养水仙的方法则是由此衍变而来的。

唐代另一位诗人白居易回忆杭州任上时，所作《三年为刺史》一诗中有："唯向天竺山，取得二片石。"正因为有诗画家、文人学士的推崇涌现了不少赞颂盆景的诗篇，使得盆景艺术发展很快，同时也说明当时文人也将盆景奉为时尚。

盆景植物枝叶特写

宋代，随着山水花鸟画艺术的提高，盆景进一步发展，盆景艺术已经相当发达，不论在造形上还是在用材上，都有了新的发展，并且对树木、山石盆景的研究、盆景的布局都已发展到相当水平，形成树木盆景和山水盆景两大类。宋代又是中国古代赏石文化的鼎盛时代，北宋徽宗皇帝举"花石纲"，成为全国最大的藏石家。其中石品有专著问世，杜绾著《云林石谱》一书中记载的石品多达一百一十六种，其中详细叙述了各种石品的产地、采集方法、详细形态、色泽和石品的评价优劣，以及哪些可以用来制作盆景等，对后世的影响巨大。宋代大书画家米芾爱石成癖，人们称其为"米癫"，他对山石的研究极为透彻，对山石进行了"瘦、漏、皱、透"的理论阐述和分类。米芾对盆景选石的方法一直被人们沿用至今。

宋人观赏奇石盆景成为一种风尚，南宋的赵希鹄所作《洞天清录》其中《怪石辨》中记载："可登几案观玩，亦其物也；色润者固甚可爱玩，枯燥者不足贵也。道州石亦起峰可爱，川石奇耸，高大可喜；然人力雕刻后，置急水中舂撞之，纳之花槛中，或用烟熏，或染之色，亦能微黑有光，宜作假山。"足见当时人们已经用"怪石"作为文房清供之风已相当普遍了。现代人

山石盆景"带花连翘"

中国古代盆景艺术的成熟

枸杞盆景初步栽培
枝繁叶茂的植物盆景

作水石盆景与古人方法相同，虽然已经不使用烟熏或染色，而在盆景当中培养苔藓，使得盆景显得郁郁葱葱，充满活力，又如青绿山水浮现在眼前。这种方法是以古代方法为基础而更进一步地灵活运用到现代盆景制作当中。

山水盆景则是以故宫博物院珍藏的宋人画《十八学士图》四幅为代表，其中两幅画有一盆珍松，盖偃盘枝，针如屈铁，悬根出土，老本生鳞，俨然数百年之物，画上的盆松悬根露爪，老态龙钟，好似历经人间沧桑。其所用之盆，虽无文字解读，但从画面看其

质感，工艺水平已具相当水平。有一侍女
手托山水盆景雕像，与手捧莲花的侍女像
并列，至今保存完好，造型生动逼真，比
例协调侍女手托山水盆景之浅盆造型，则
出现束腰工艺，决非广义之盆，而是为山
水盆景专制的盆景盆。宋代这一时期盆景
的繁荣发展表明了人们艺术追求的跨越式
的进步，盆景艺术的发展已由唐代的单一

中国古代盆景艺术的成熟

向多元化演变，人们的艺术思想由简单向复杂延伸。

到了元代由于蒙族人入主中原，统治阶级崇尚武功，对文化艺术不够重视，所以盆景艺术发展缓慢，甚至在中国盆景发展史中有关元代的盆景艺术与盆景技艺记载出现了断层。但是，在元代盆景艺术中也出现过有名气的艺术家，平江高僧韫上人，他云游四方，来往于名山大川之间，颇悟自然之奥妙，他创作的盆景形态多变，师法自然，富有诗情画意。高僧韫上人作盆栽景物，总结前人经验，取法自然，创造"些子景"（即小型盆景），开辟了盆景艺术的新途径。

精巧入微的松柏类盆景

盆景

瑰丽大方的红花继木盆景

"些子景"是一种小型盆景，在《五石瓠》曾记载道："今人以盆盎间树石为玩，长者屈而短之，大者削而约之，或肤寸而结果实，或咫尺而畜虫鱼，概称盆景。想亦始自平泉，艮岳矣。元人谓之些子景。"诗人丁鹤年曾在《为平江韫上人赋些子景》诗中对"些子景"更有所体现："尺树盆池曲槛前，老禅清兴拟林泉。气吞渤波盈掬，势压崆峒石一拳。仿佛烟霞生隙地，分明日月在壶天。旁人莫讶胸襟隘，毫发从来立大千。"

由于元代盆景艺术是在继承宋代的盆景艺术与盆景制作基础上演变发展起来的，所以相应地出现了元代这一时期的特

枸杞盆景造型奇特

红花继木盆景挺拔俊美

点。1、盆景规模趋向小型化，这是元代最明显的一大特点。高僧韫上人的代表作"些子景"。2、发展了规则式盆景，同时强调盆景的"小中见大"，也要求画理入盆的意趣。元代谢宗可《蟠梅》诗云："萦春绊碧裂苍苔，岁晏寒香宛转来。蛟蛰冻云冰骨瘦，龙眠夜月玉鳞开。风霜气势从千折，铁石心肠亦九回。只为车君甘自屈，不教枉点百花魁。"其诗中描写出了花工将梅花蟠扎出不同形状的惊赞的技术。3、用作盆景材料的植物种类增多。木本植物：元代画家李士钊的《偃松图》有松树；在冯梅粟等人的咏《蟠梅》诗中体现了梅花；僧善住的《盆竹》诗：
"瓦缶不多土，娟娟枝叶蕾。岂知么凤尾，
元是古龙孙。"当中的凤尾竹；元代的张
福补遗的《种艺必用及补遗》中的石榴；
朱升的矮桃在《株枫林集》中可以找到。
草本植物则有岑安卿《盆兰》诗中的兰花；
刘冼的《石菖蒲》诗中的石菖蒲；佳士林
的《吉祥草赋》中的吉祥草。4、盆景形
式的样式增多。盆景经过两宋时期的空前

盆景果实特写

中国古代盆景艺术的成熟

造型古雅的奇松盆景

发展，无论在思想艺术和制作工艺方面到有很大的进步，尤其在盆景种类方面，元代更是种类齐全、形式多样，涌现出诸如规则式、附石式、水盆式、小型式、盆草式等种类。5、山石盆景的制作和选用石品的方法已经形成并有所发展。元代在继承宋代对山石盆景和石品研究的基础上，归纳出了更加具体的方法。如元代画家饶自然在《绘宗十二忌》中提出了更加精辟的理论。并且在丁鹤年描写"些子景"的诗句中，也体现出了元代山石盆景的成熟。

明代，盆景讲究诗情画意，以能仿大画家笔下意境为上品，并且当时的盆景以培养松竹为上品，陈设在几案者为第一。关于此类记载，更有史料为考。如文震享所作《长物志》中《盆玩》篇记载："盆玩时尚以列几案者为第一，列庭榭中者次之，余持论则反是。最古者自以天目松为第一，高不过二尺，短不过尺许，其本如臂，其真若簇，结为马远之欹斜诘曲；郭熙之露顶张拳；刘松年之偃亚层叠；盛子照之拖曳轩翥等状，栽以佳器，槎丫可观。"这是盆栽和盆景中的极品，已经无法再用其他词汇加以描写、形容，可与大画家笔下的盆景相媲美。又云："又

姿态秀丽的松树盆景

有古梅，苍藓鳞皴，苔须垂满，含花吐叶，历久不败者，亦古。又有枸杞及水冬青、野榆、桧、柏之属，根若龙蛇，不露束缚、锯截痕者，俱高品也。"关于选石，《长物志》中提到苏卅尧峰山的山石"苔藓丛生，古朴可爱"，可作盆石也就是现代所说的盆景之用，并且这种古代盆石制法一直沿用至今。

明代不光在盆景的造诣上有所突破，而且形成了一系列盆景艺术理论。屠隆的《考槃余事·盆玩笺》对盆景艺术的发展起了很大的作用，文中记载："盆景以几案

中国古代盆景艺术的成熟

清雅秀丽的植物盆景

可置者为佳，其次则列之庭榭中物也。最古雅者，如天目之松，高可盈尺，本大如臂，针毛短簇，结为马远之欹斜诘屈；郭熙之露顶攫拏；刘松年之偃亚层叠；盛子昭之拖拽轩翥等状，载以佳器，槎枒可观。更有一枝两三梗者，或栽三五寨，结为山林排匝高下参差，更以透漏奇古石笋安插得体，置诸庭中。对独本者，若坐岗陵之巅，与孤松盘亘；

对双本者，似入松林深处，令人六月忘暑。
如闽中石梅，乃天生奇质，从石本发枝，
且自露其根，如水竹，亦产闽中，高五、
六寸许，极则盈尺，细叶老干，萧疏可人；
盆植数竿，便生渭川之想；此三友者，盆
景之高品也。"其中，"盆景以几案可置
者为佳，其次则列之庭榭中物也。" 论及
到了盆景的审美体量和审美特征，第一，

盆景花房内色彩万千

能够摆放在几案上的盆景的规格自然较小，按照现在的标准，小型盆景11—40厘米；中型盆景41—80厘米，一般的家庭都有养护、欣赏的条件。第二，这松、竹、梅盆景与我们现代的盆景制作的手法是一样的，只不过人们不再一定要用天目松和闽中的石梅、水竹而已。第三，在明代人们虽然把盆景成为盆玩，但这代表着人们的盆景艺术思想已经有了很大的进步，盆景艺术已经达到古代空前的盛世。

清初顺治、康熙、雍正时期，种植盆景的风气盛行一时，盆景艺术甚至遍及到民间，这说明盆景艺术在人间已受到重视，人们视盆景为"家珍"，此时各种流派纷呈，并且逐渐形成了扬、苏、川、徽等各具特色的盆景艺术流派。

在盆景制作的材料选择中，人们对其开始有所研究，这是盆景发展的一大进步。由于高龄的树木，在恶劣的环境条件下经受过雷电的袭击或病虫害的侵蚀，有的出现树皮剥落使得木质部裸露，但这些历经了大自然的沧桑变化的树木，却依旧枝叶繁茂，这就令人肃然起敬。因此，人们为表达对高龄树木精神的赞美，同时反映出这一奇特景观，"枯干式"盆景便应运而生了。据文献记载，清光绪年间苏州有盆栽专家胡焕章，曾将山中老而不枯的梅树，截取根部的一段移作盆栽，随用刀凿雕琢树身，变作枯干，略缀苔藓，苍古可喜；枝条大半删去，有只留二三枝的，也听任

栽培盆景的植物园林

中国古代盆景艺术的成熟

院子里摆放的盆景

发展，不加束缚。可见，"枯干式"盆景在我国古已有之。

康熙十七年 (1688 年)，一位别号西湖花隐翁的园艺家陈淏子，对园艺颇有经验，在《花镜》一书中的"种盆取景"一节中写道："近日吴下出一种，仿云林山树画意，用长大白石盆，或紫砂宜兴盆，将最小桧柏或枫榆，六月雪或虎刺、黄杨、梅桩等，择取十余棵，细观其体态，参差高下，倚山靠石而栽之。或用昆山石，或用广东英石，随意叠成山林佳景，置数盆于高轩书室之前，诚雅人清供也"。对盆景制作技术作了较详尽的介绍和论述，其中采取倪云林画意，与我们现在制作盆景方法几乎相同。

在清代供养盆景的风气非常甚盛，与此同时诗人词客对盆景往往加以品题。李符的《小重山》词："红架方瓷花镂边，绿松则半尺，数株攒，断云根取石如拳。沉泥上，点缀郭熙山，移近小阑杆，剪苔铺翠晕，护霜寒，莲筒喷雨冥飞泉，添香霭，借与玉炉烟。"龚翔的《小重山》："三尺宣州白狭盆，吴人偏不把，种兰荪，钗松拳石叠成村，茶烟里，浑似冷云昏，丘壑望中存，依然溪曲折，护柴门，秋霜长为洗苔痕，丹青叟，见也定消魂。"同是用《小重山》词格描写盆景，有着异曲同工之妙。

两首《小重山》词分别把盆景中的小松描绘得淋漓尽致，并且又有拳石与丘壑的点缀，清晰地表达了盆景的形象和词的意境，让人触景生情、浮想联翩。

持反对态度的诗人在自由言论的时代也表达了他们自己的观点：盛枫的诗《盆花》则道出了对盆景的不满："木性本条达，山翁乃多事。三春截附枝，屈作回蟠势。蜿蜒蛟龙姿，扶疏岩壑意。小萼试嫣红，清阴播苍翠。携出白云来，朱门特珍异。售之以兼金，闲庭巧位置。叠石增磊砢，铺苔蔚鳞次。嘉招来上客，宴赏共嬉戏。

盆景中美丽可爱的花朵

中国古代盆景艺术的成熟

花团锦簇

讵知荄干薄，未久倏憔悴。始信矫揉力，讬根非其地。供人耳目玩，终惭栋梁器。芸生各因依，长养视所寄。赋质谅亦齐，岂乏干霄志。遭逢既错误，培覆从其类。试看千寻松，直干无柔媚。"是人因盆景不能长久的生长，尽而不能供长时间观赏感到困惑，其原因是培养方法不当。而给人印象最为深刻的要数清末的思想家、文学家龚自珍的《病梅馆记》中提到的"江宁之龙蟠，苏州之邓尉，杭州之西溪，皆产梅。或曰：梅以曲为美，直则无姿；以欹为美，正则无景；梅以疏为美，密则无态。固也。此文人画士，心知其意，未可明诏大号，以绳天下之梅也；又不可以使天下之民，斫直，删密，锄正，以夭梅、病梅为业以求钱也。梅之欹、之疏、之曲，又非蠢蠢求钱之民，能以其智力为也。有以文人画士孤癖之隐，明告鬻梅者，斫其正，养其旁条，删其密，夭其稚枝，锄其直"。

中国盆景艺术的悠久历史和优良传统，表达了人们对自然的热爱，对美好生活的渴望。早在新石器时期人们对盆景艺术的萌芽，到汉代盆景艺术的思想与技术的兴起，表达了人们对自然美的渴望。从汉代到隋朝盆栽艺术的孕育，体现了人们对自然美的寻求。到了唐代，受山水画理的影响，盆栽艺术升华形成盆景，由于山、水、画互为影响，使得盆景艺术的思想与制作方法变得成熟。宋代盆景进一步发展了，形成树木盆景、山水盆景的发展时期。元代"些子景"的出现微型盆景的发展，使盆景另辟蹊径。明代人们将经验所得进行理论上的概括整理，纷纷立著记载，是为理论萌发时期，画家饶自然所著《绘宗十二忌》从理论上阐述了制作山水盆景及用石方法，更加丰富了盆景制作的理论与实践的结合。清代则是盆景品种繁多、研究盆景学术空气最浓的时期，清康熙四十七年

美丽大方的君子兰盆景

中国古代盆景艺术的成熟

罗汉松盆景

汪额著的《广群芳谱》、清康熙二十七年《花镜》等专著的相继出现，使民间盆景艺术获得更大的发展并且形成艺术流派，使中国盆景艺术成为中国艺术宝库的瑰宝，与此同时对日本等国也产生了深远的影响。

盆景

五 中国古代盆景艺术

五大流派

气魄宏伟的罗汉松盆景

　　我国地大物博、幅员辽阔、历史悠久、文脉深厚，由于地理环境和自然条件的差异，使得植物和石种在不同地域和不同气候的作用下显示出各自的特点，并且在盆景选材和创作技法中，受历史文化、艺术鉴赏、风俗民情的影响，盆景的创作者便会表达出自己的个性与风格。由于不同地域的盆景作者受到某种思想的影响和某一作家的盆景风格的熏陶使得盆景思想艺术与盆景制作方法得以传播和发展，从而形成了不同的盆景艺术流派。不同的盆景艺术流派有其各自的盆景艺术风格类型，判定盆景艺术流派的方法主要是通过两个要点：

首先，盆景的个性风格表现在制作盆景的要素是否齐全，这是判断作品能否成为盆景的重要条件。作者的造型与思想意境是否另辟蹊径，还有作者的制作手法与材料用料方面是否高人一等，这可以判定作品有无风格，是不是在国内盆景界独树一帜、自成一家；其次，判定这种盆景艺术的个性风格是否在民间和作家中流传开来，并且已经形成固定的制作群体。满足了上述两个条件便可承认盆景艺术流派。我国桩景风格大都带有显著的地域性特点，故而称为地方风格，如苏、扬、川、岭、海、浙、微、通等地的盆景皆然。

各地水盆景的风格虽不尽相同，但其

典雅清秀的梅花盆景

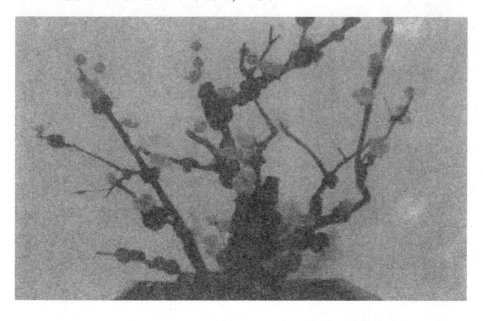

中国古代盆景艺术五大流派

设计精妙的艺术盆景

差别要比树木盆景小得多，因此盆景艺术流派，主要是指树木盆景的风格与流派。依历史习俗来分为"苏、杭、沪、宁、徽、榕、穗、扬"八大家，其中著名的有扬派、苏派、川派、岭南派和海派五大流派，并且著名的五大流派又可分为南、北两大派，南派是以广州为代表的岭南派；北派包括长江流域的川派、扬派、苏派、海派（后三派过去统称江南派）等。各地盆景都有自己的历史背景与特点：

（一）苏派盆景

苏派雀梅盆景

苏派盆景是以苏州为中心的盆景流派。苏派盆景艺术流传到长江以南许多地方，代表江苏省南部地区的盆景艺术风格。如常州、

盆景

苏派盆景"蚊龙探云"

常熟、无锡等地。上海、杭州的盆景也受到一定的影响。苏派盆景艺术历史悠久，有其独特的造型结构和艺术风格，是中国盆景的主要流派之一。

苏派盆景主要风格的特征是：清秀古雅，制作精细，灵巧入微，予人以典雅、绮丽、明快、流畅的感受；深受苏州古典园林的影响。运用中国绘画的画理，讲究意境。苏派盆景以树木盆景为主，采用"棕丝蟠扎，粗扎细剪"和"以剪为主、以扎为辅"的方法，对主要树种，如松树、柏树、榔榆树、黄杨树等，用半规则的方式，将枝叶加工成云朵状，而其主干则成自然弯曲状。苏派盆景造型则讲究"六台三托一顶"，屏风式、垂风式、垂枝式、劈干式、圆盘式，并且注重自然，型随桩变，成型求速。

唐宋时期是苏派盆景的发展初期，苏派盆景起源于苏州，且历史悠久，苏州自唐代起，经济十分繁荣，是一座商业城市。唐朝诗人杜苟鹤在送游吴的诗中写道："君到姑苏见，人家尽枕河。左宫闲地少，小巷水桥多。夜市赏菱藕，春船载绩罗。遥知未眠月，乡思在渔歌。"诗中描写了当时苏州的风貌。苏州不但经济发达，同时文化艺术也兴盛在此，历代文人都荟萃在此地。据史料记载，在盛唐时期，韦应物、白居易、刘禹锡等都

苏派盆景 "枯木逢春"

盆景

做过苏州刺史，晚唐有陆龟蒙、皮日休，并且诗人白居易在做苏州太守时，就喜爱山石，且有品石的爱好，著有描写山石盆景的诗。经济上的繁荣与艺术上的繁盛为苏派盆景的出现打下了坚实的基础。至宋代，苏州盆景以山水盆景和树桩盆景发展为主，其代表人物为宋代苏州的朱冲和其子朱勔。在山水盆景方面，宋代的苏州诗人范成大则以制作山水盆景而闻名。在树桩盆景方面，苏州盆景所选用的树种以榆树、雀梅树、三角枫树、石榴树、梅树等落叶树为主，树桩的形式常以规则形为主，树干微曲，左右互生六个园片称'六台'，向后伸出三片称'三托'，顶上一片

设计精巧的山石盆景

中国古代盆景艺术五大流派

称一顶"，"六台三托一顶'的桩景多成对放置。并且据记载，苏州在宋开始栽培梅花。将果梅截去树冠，对劈为二，上接骨里红、绿萼、玉蝶等观赏品种，成对上盆，这种形式称劈梅。还有将梅的枝条吊扎，使它下垂或向一侧生长，称垂枝式和顺风式，梅桩以干枯花繁、形态别致而闻名全国。

明代是苏派盆景的诞生和蓬勃发展时期。明代苏州盆景跟随潮流的发展以树木盆景发展方向为主，同时更深入的体会画意并用盆景形式表达出来，盆景的制作者结合苏州的地理、气候和自然的特点在盆景的选材、加工、选盆和栽培上很讲究，重视地方特色与当地的艺术思想的结合，由此苏派的

多干式松树盆景

盆景

艺术风格经过唐、宋文化的发展之后，在明代形成了。现存苏州的"万景山庄"就是苏派盆景的代表作。这盆桧柏盆景经历了五百年的生长，仍苍劲健茂，树虽不高，却有磅礴气势；枯干嵯峨，却又枝叶青翠，生机勃勃。作品构图简洁，意境深远，疏而不散，似虚而实，是苏派的典型的代表作之一。

银杏盆景

明代，苏州人文震亨所著《长物志》中专门列出《盆玩篇》，对苏州盆景进行艺术总结，其中有不少独到的见解。他记载松柏、枫、榆、古梅为桩景之先声，认为可与画家马远、郭熙等笔下的古树作比的盆景才为上上品。在明代的成化、弘治年间，沈石田、文征明、唐伯虎、仇十洲四大画家，后世称之为苏州"吴门画派"。对苏派盆景艺术的影响极深，其画意成了盆景中刻意模仿的主题，形成了独特的技艺风格，并一直流传至今。同时苏州的古典园林素有"甲天下"之称，对苏派盆景艺术的影响更为深远。

到清代，苏派盆景已极为盛行，为当时的士大夫和文人墨客所喜爱，同时在普通市民中也有所普及，由于爱好者越来

造型巧妙的杂木类盆景

意境高深的盆景艺术

盆景

奇峰式山石盆景

多，出现了虎丘、光福等盆景制作基地。《光福志》中就有"潭山东西麓，村落数余里，居民习种树，闲时接梅桩"的记载。从文史资料中查知，当时苏州盆景已有了很高的棕丝剪扎技巧和多种形式。清代园艺学家陈淏子的专著《花镜》也有关于苏州盆景的记录："近日吴下出一种仿云林山树画意，用长大白石盆，紫砂宜兴盆，将最小柏、桧、或枫、榆、六月雪，或虎刺、黄杨、梅桩等，择取十余株，细视其体态参差高下，倚山靠石行栽之。或用昆山石、或用广东英石，随意叠成山林佳景。置数盆于高轩书室之前，诚雅人清供也。"意思是说：吴下盆景仿倪云林山树画意，用白石盆或紫砂盆栽种桧柏、枫树、榆树、六月雪和虎刺等植物，并缀以各种山石，记载了苏州盆景的制作方法。清代光绪年间，苏州盆景专家胡焕章，则是用梅桩制作"劈梅"盆景的大家，他将古老的梅桩截取根部的一段，移植在盆中，并用刀凿雕树身，使成枯干，再用中国盆景制作技艺点缀苔藓，以显得苍古。树桩上的大部分枝条均去掉，仅留两三枝，任其自然发展，不加束缚，经多年培育后，斧凿痕迹渐渐消失，即成为苍古自然的上品盆景了。

生动逼真的远山式盆景

盆景

新颖奇特的曲干式树木盆景

扬派枫叶盆景

（二）扬派盆景

中国首席盆景大师徐晓白教授曾著文判断，我国盆景发源地在扬州。扬派盆景以扬州为中心，代表江苏省北部地区的盆景艺术风格，包括嘉州、泰州、兴化、高邮。南通、如皋、盐城等地，由于地处江苏北部，又称苏北派。扬州是一座具有两千四百多年历史的文化名城，地处长江和大运河的交汇处，交通十分发达，加之气候宜人，物产丰富，早在唐朝就是全国最繁华的商业城市之一，所谓"一扬二益"中的"扬"即指此地。诗人李白在《送孟浩然之广陵》诗中对扬州也加以描写：

故人西辞黄鹤楼，烟花三月下扬州。

孤帆远影碧空尽，唯见长江天际流。扬州不光有诗人在赞美它，更有艺人在表达着对扬州的热爱，表达着扬州的发展所取得的巨大成就，扬州不但有诗词的赞颂，更有扬州盆景的衬托。扬派盆景由扬州城孕育而生，又由扬州文化改变发展的扬派盆景艺术成为中华文明的一大亮点。

扬派黄杨盆景

扬派盆景分为树桩盆景、山水盆景和水旱盆景等。特别是观叶类的松柏榆枫、瓜子黄杨等树桩盆景，可谓独树一帜，主干"一寸三弯"，树冠成云片状，严整而富有变化，清秀而不失壮观。扬派盆景采用棕丝"精扎细剪"的造型方法，如同国画中的"工笔细描"，借鉴绘画"枝无寸直"的原理和园林假山的堆掇技巧，形成自己的独特风格。徐晓白教授曾评价扬派盆景"风格独特，技术高超，造型整饬壮观"，"精工细扎，刚柔相济，诗画相参"，"寓北雄南秀于一体"。江树峰先生曾以"柳梢青"一阕赠徐晓白教授云："秀峻黄山，小桥流水，三峡高岑。盆里乾坤，梦中离合，不是闲文。"赞美徐公盆景、赞美扬派盆景，可谓得其神髓。由于受扬州经济文化和地理环境的影响，扬州盆景和扬州园林一样，既有北方雄建的特点，又有南方秀美之特征，这也是形成扬州盆景艺术特点的原因。

在石品选择方面，山水盆景除用本地出产的斧劈石外，还使用外省的沙积石、芦管石、英德石等。在选择树种方面扬派树桩盆景的常用树种有：松树、柏树、榆树、黄杨树（瓜子黄杨数）及五针松书、罗汉松书、六月雪树、银杏树、碧桃树、石榴树、构把树、梅树、山茶树等，并且对扬派树桩盆景的栽培与修建还特别讲究功力深厚和对常用的树木多是自幼加工培育而成的，扬派树桩盆景要求桩必古老，以久为贵；根据"枝无寸直"的画理，把枝叶扎成很薄的云片状，片必平整，以功为贵。在造型技法上精扎细剪，单是棕法就有十一种之多，扬、底、撇、靠、挥、

扬派水杉盆景

盆景

扬派五针松盆景

拌、乎、套、吊、连、缝入云片要求距离相等，剪扎平正，片与片之间严禁重复或平行，观之层次清楚，生动自然。云片大小，观树桩大小而定，大者如缸口，小者如碗口，一至三层的称"台式"，三层以上的称"巧云式"。为了使云片平正有力，片内每根枝条都弯曲成蛇形，即"一寸三弯"。现在采用"寸结寸弯鸡爪翅"技法，即每隔一寸打一个结，主枝像鸡翅，分枝像鸡爪，比传统的"一寸三弯"简易多了。与云片相适应的树桩主干，大多蟠扎成螺旋弯曲状，势若游龙，变幻莫测，气韵生动，舒卷自如，惯称"游龙弯"。云片放在弯的凸出部位，疏密有致，葱翠欲滴，与主干形成鲜明对比、同时显示出苍古与清秀。

扬派"云片"树桩盆景

历史上扬派盆景以"狮式盆景"最为著名，造型特点为"云片"树桩盆景的树冠像片片碧云状，且有层次分明、平整平稳的艺术风格。各流派盆景艺术风格虽然各异，但都强调意境、形态、精神三要素。

扬派盆景始于唐宋，而繁荣于明清，并且扬派盆景制作历史悠久。早在唐代，盆景已成为宫苑装饰、观赏的珍品，作为东南第一大都会的扬州，也受到京都影响流传盆景；盆景园建于明代，尚存至今，属扬派盆景史最有生命的见证。

扬州学者在寻找扬派盆景的历史过程中发现，扬派盆景的语言与苏轼有很大关系，宋代苏轼任扬州太守时，曾亲自制作盆景，可以说苏轼是扬州玩盆景的"第一人"，苏东坡曾在扬州上任时期得到两枚奇石，极其喜爱，并喜赋《双石诗》予以赞美，诗中写道："至扬州，获二石，其一绿色。岗峦迤丽，有穴达于背，其一白玉可鉴。渍以盆水，置几案间。"其诗云："梦时良是觉时非，汲水埋盆故自痴。"那块绿色奇石似山峦，洞穴横穿，造型奇特，有诗咏赞："但见玉峰横太白，便从鸟道绝峨嵋。"在苏轼的诗作之前，扬州还没有更早的有关盆景的文字记载，所以有关学者考证认为苏轼的双石盆景是扬派盆景的开篇之作，苏轼应当属扬派盆景的祖师爷。

扬派盆景艺术中的"扎片"造型艺术在元、明时代就广泛采用，与此同时扬派盆景的地方风格开始形成。明代的工匠们已习惯于用火烧、斧凿、捆绑、缚扎等技术，可以使松树呈现出各种奇异姿态，扬州人善于对花木"烧凿捆缚"，经过特殊剪裁之后，便可以使盆景变得更加赏心悦目。

明代的扬派盆景园曾收藏原扬州古刹天宁寺遗物——桧柏盆景《明末古柏》，干高66厘米，屈曲如虬龙，树皮仅余三

扬派榆树盆景

中国古代盆景艺术五大流派

分之一，苍龙翘首，头顶一片，应用"一寸三弯"棕法将枝叶蟠扎而成"云片"，枝繁叶茂，青翠欲滴，犹如高山苍松古柏，所用之盆为明朝石盆。

明代李晔在《味水轩日记》中记载，作者与友人经过一家花圃时，看到一种经过花匠栽培的天目小松，松针很短，树干却并无偃蹇之势。本来这种细叶松树，只要略加捆扎，就可以做成盆景的，但主人没有这样做。于是作者联想到扬州豪门常以歌舞弹唱强行调教贫家女子，这种现象与工匠对花木施行砍削绑扎十分相似。"圃人习烧凿捆缚之术，欲强松使作奇态，此如扬州豪家收畜稚女盈室，极意剪拂"。作者同时也在侧面反对束

扬派黄杨盆景

缚人才、追求个性解放的思想，从这一点来说不得不称赞作者的思想的进步。

到了清代，扬派盆景已经非常繁荣，扬州八怪都曾以盆景作为绘画题材，李方膺的《破盆兰花》、金农的《众香之祖》、李方膺的乾隆元年《岁朝清供图》、边寿民的《除夜万年欢》均为名画。并且，扬派盆景从诗情画意中借鉴布局，启发思想，表现灵魂。在诗歌方面，汪士慎从观音大士生日借盆景四种：盆莲、盆竹、盆兰、盆蕉，作为清供，并制诗四首，盆景制作者捕捉意境为名诗表达生的含义。

人工美也许永远不及自然美，但从盆景发展史的角度看，《味水轩日记》依然不失为扬派盆景的重要史料。又如清人沈复在《浮生六记》卷二里，谈到当时扬州已用盆景作为贵重物品送礼，但他十分怀疑扬州商人的审美水平："在扬州商家，见有虞山游客，携送黄杨、翠柏各一盆。惜乎明珠暗投，余未见其可也。"作者认为，作为盆载植物，如若一味追求将枝叶盘如宝塔，把树干曲如蚯蚓，便成"匠气"。点缀盆中花石，最好是小景入画，大景入神，一瓯清茗在手，神能趋入其中，方可

扬派盆景

供幽斋之玩。作者谈自己亲手制作盆景的经验尤为可贵："种水仙无灵壁石，余尝以炭之有石意者代之。黄芽菜心其白如玉，取大小五七枝，用沙土植长方盆内，以炭代石，黑白分明，颇有意思。以此类推，幽趣无穷，难以枚举。如石葛蒲结子，用冷米汤同嚼喷炭上，置阴湿地，能长细菖蒲，随意移养盆碗中，茸茸可爱。以老蓬子磨薄两头，入蛋壳使鸡翼之，俟雏成取出，用久年燕巢泥加天门冬十分之二，捣烂拌匀，植于小器中，灌以河水，晒以朝阳，花发大如酒杯，叶缩如碗口，亭亭可爱。"沈复来自苏州，寓居扬州大东门，他的记述对我们了解清代扬州盆景制作实况及文人情趣，极为宝贵。

扬派水旱盆景"古木清池"

清代是扬派盆景的发展高峰，扬州盐商为迎合帝王南游，广筑园林，大兴盆景，有"家家有花园，户户养盆景"之说，明代形成的盆景风格，经不断提高，形成了流派。清中期在天宁街、辕门桥、傍花村一带，生产基地则在堡城、雷塘、梅花岭、小茅山等处。花木移地，体量较小者需要容器，精致者即形成盆景。清代扬派盆景风格影响到苏北如南通、如皋、泰州、靖江等地，但在艺术处理上，略有不同，因而扬派有东、西两路之分。

乾隆六十年，李斗所著《扬州画舫录》中有很多处描述扬州盆景。在卷二中载："湖上园亭，皆有花园，为莳花之地。养花人谓之花匠，莳养盆景，蓄短松矮杨（瓜子黄杨）、杉、柏、梅、柳之属，海桐、黄杨、虎刺以小为最。盆以景德窑、宜兴土、高资石为上等。种树多寄生，剪丫除肄，根枝盘曲而有环抱之势，其下养苔如针，点以小石，谓之花树点景。"这段文字可见扬派盆景的剪扎技艺已经形成了特定的植物、特定的栽培、特定的流程、特定的风格。扬州盆景园现存的清代扬派盆景较多，如"腾云""行云""铁骨峥嵘""苍龙出谷""横空出世"等，其选用的植物主要为黄杨、桧柏、刺柏，其共同特点是"层次分明、严整平稳、一寸三弯"。善莳花，梅树盆景与姚志同秀才、耿天保刺史齐名，谓之"三股梅花剪"其后又有张其仁、刘式、三胡子、吴松山等人效其

扬派五针松盆景

盆景

法，这都是非常珍贵的人物史料。此见卷四。现在的荷花池为清代九峰园旧址，园中曾有风漪阁，阁后池沼旁建小亭、门洞、长廊，"中有曲室四五楹，为园中花匠所居，莳养盆景"。九峰园的花匠，为园主人所蓄，当与张秀才等人身份不同，此见卷七。扬州多徽人，其中也有盆景高手。"吴履黄，徽州人，方伯之戚。善培植花木，能于寸土小盆中养梅，数十年而花繁如锦"。文中的"方伯"，即康山草堂主人江春。江春精盐务、善交往、爱戏曲、喜园林，吴履黄随他来扬，则江春也必然好盆景无疑，此见卷十二。苏扬盆景在清代已有交流。有个苏州和尚，俗姓张，法号离幻，因唱昆曲得罪御史，愤而出家。他喜欢收藏宣德炉、紫砂壶。"自种花卉盆景，一盆值百金。每来扬州，玩好、盆景，载数艘以随"。他插瓶花崇尚自然，不用针线和铁丝之类的辅助材料。

扬派盆景

（三）川派盆景

川派发源于四川成都，那里气候适宜，植被茂密，物产丰富，人杰地灵，并且，四川号称天府之国，川西平原丰富的植物

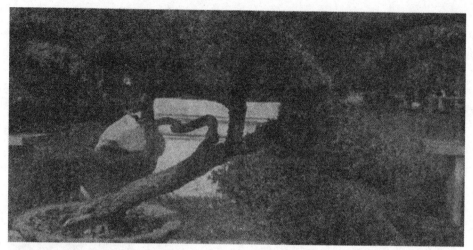

川派盆景

资源、繁荣发达的经济氛围，为川派盆景艺术的发展奠定了雄厚的基础。四川盆景是以所在地域命名的盆景艺术流派，它源于五代，具有悠久的历史。此外四川多名山大川，除峨眉山外还有号称"青城天下幽"的青城山和长江三峡等。山势雄、秀、奇、险，山中还多古木、奇石。这些都是盆景造型的范本。川派盆景大致分川西与川东两种艺术风格，川西以成都为中心包括温江、郫县、灌县、崇庆、新都、什邡等县。川东以重庆为中心，包括重庆周围各县。其中以成都为代表的树桩盆景最能体现川派盆景的特点。川派树桩盆景讲究写意，清雅秀丽，以丰富多彩的植物材料取胜，艺术风格独特，被园林界公认为我国盆景五大流派之一，享誉海内外。川派盆景常用树种有金弹子（瓶兰花）、六月雪、贴梗海棠、垂丝海棠、梅花、紫薇、罗汉松、银杏、偃柏等，其他还有虎刺、黄桷树、紫荆、山茶、桂花等，竹类品种繁多，有绵竹、邛竹、凤尾竹、观音竹、琴丝竹和佛肚竹等。山水盆景以砂片石、钟乳石、云母石、砂积石、龟纹石为制作的石品。

　　川派盆景又称为"剑南盆景"，盆景展示了格律之严谨，唯当地功力深厚之艺人方能熟知和操作。自然式盆景常以山石相配，既具画意，又富有当地风光特色。另外，还有一种以银杏树乳制作的盆景，古朴有趣，为四川所独创。在造型上体现了对称美、平衡美、韵律美，统一中求变化，

川派盆景

中国古代盆景艺术五大流派

变化中有统一，活泼而有序，庄重而灵动。川派盆景源于生活，又高于生活，是对大自然的艺术概括与艺术加工。

川派盆景的艺术特点中体现了三大特点，首先川派盆景在造型上大气稳重、清秀高雅。川派盆景艺术的发展经历了一个在造型上由简到繁，又从繁到简的过程。前一个"简"是简单，后一个"简"是简练。同其他盆景流派一样，通过体验画意，达到与作者的沟通道理，以画法构图为原理，体验自然界中的感觉，选取自然的素材，而后来模仿老树的姿态和变化，不断总结出了表现心意的盆景姿态和变化的栽培技法规律。川派盆景的主要艺术特色是虬曲多姿，苍古雄起。造型有规则式和自然式之分。规则式的盆景，

川派盆景

盆景

川派盆景

采用传统的棕丝蟠扎技法，借助"弯""拐"，形成树身的扭曲，富有独特的韵律感，有一定的格律，名目繁多，不胜枚举。它们的主干和侧枝自幼用棕丝按不同格式作各种角度、各个方向的弯曲，注意立体空间的构图，难度较大。干的格式大致有"滚成抱柱""对拐""方拐""掉拐""三弯九倒拐""接弯掉拐""老妇梳妆""直身加冕""大弯垂枝""综合法"等十种。蟠枝方法又有平枝、滚枝、半平半滚之别，不同主干的造型与多种蟠枝方法交互运用，形式多样，树形雄伟端庄。有的桩景状若骑士回首，有"立马望荆州"之称。一些开花结果的树种因枝干曲屈矮化后，

中国古代盆景艺术五大流派

造型复杂的植物盆景

花果密聚枝头，婀娜多姿，妩媚动人，如贴梗海棠经过蟠扎，满树皆花，灿若云锦金弹子树桩则铁千此枝，果实累累，更具观赏价值。

罗汉松桩盆景采用川派掉拐的身法造型而成，前后左右均有出枝，稳重而不失飘逸。倾斜的主干削弱了盆景下坠之势，风吹式枝法形成动势。顶片的平、稳与弯拐的造型及倾斜的布势充分体现了川派盆景的特点。

其次，川派盆景追求自然、形神兼备的取意风格。川派盆景造型来源于生活，又高于生活，它摆脱了纯粹的模仿自然的模式，加入更多感性的要素和理性的驾御。取材自然，表现自然，棕丝盘扎，不露"做手"，对树木很少使用打眼钻孔、生雕硬刻的方法，虽经反复加工，却无刀劈斧削的痕迹，又以严谨的诗歌格律定格来体现对称美、平衡美、韵律美。

最后，川派盆景要求灵秀峻美、深邃悠远的布局方式。川派盆景在布局上取源于当地的名山大川，以树石镶嵌结合见长，集青城之幽、峨眉之秀、三峡之险、剑门之雄、巫山之奇于一体，巧妙地表达出地方山林神秘和隐逸的气质。材料常选用能够表现飘逸特点的六月雪、蚊母、贴梗海棠等枝节短而多折的树种与变幻多角的石材组合。川派盆景有着极强烈的地域特色和造型特点。树桩以古朴严谨、虬曲多姿为特色；其树木盆景，虬曲多姿、苍古雄奇，

树桩盆景枝干近观

同时体现悬根露爪、状若大树的精神内涵，讲求造型和制作上的节奏和韵律感，以棕丝蟠扎为主，剪扎结合，山水盆景则以气势雄伟取胜，展示了巴蜀山水的雄峻、高险，以"起、承、转、合、落、结、走"的造型组合为基本法则，在气势上构成了高、悬、陡、深的大山大水景观。

川派盆景的历史悠久，源远流长，据《史记》记载，在南北朝时期，道教作为诞生于我国的本国文化得到了繁荣的发展，在西南地区更是尤为兴盛，并且与天竺传入的佛教文化共同形成了"秀山林立，频见庙寺"的格局。宗教的繁荣带动了我国艺术的进步思想内涵的开放，促成了人们文化的大融合，川派盆景文化艺术的发展也在宗教文化的繁荣时期

雄奇大气的枯干式树木盆景

盆景

得到了极大的提高，使川派盆景艺术思想吸取本土宗教的思想，体现飘逸质朴的道家风范，从而得到空前的发展。至唐代，川派盆景被引入宫中，被称为"剑南盆景"，当时的盆景比较初放，多以修剪为主。相传始于唐时西川节度使李德裕在新繁建园林、制盆景。东湖便是李德裕任新繁县令时开凿，园林布局精巧，玲珑别致，体现了浓郁的四川特色，保存了唐代的全部遗址和部分园林风格，突出了川派古典园林的独特风韵，有"我国唯一的唐代园林"之称，被园林界一些专家称为"川派古典园林的代表"。到了宋朝，大诗人张喻家住蜀都 (今四川郫县) 桃花源，他除了吟诗作赋外还喜爱盆景，当时盆景制作无不显示川派特点。到了明清时期，川派盆景更加繁荣，以树桩盆景为主，山水盆景则以"缸山"为主体——缸内配山，山上布树并置点缀物。在明朝初期成都青羊宫每年都会举办一年一度的花神会，各县均要送盆景到场展示，蔚为壮观，花神会的组织机构对做得好的盆景还要颁奖，同时会还为盆景和花卉交易搭建平台，从而促使了川派盆景艺术的进一步的发展。

川派盆景

杂木类竹林盆景

（四）岭南派

岭南派盆景是以广州为中心，代表两广地区的盆景艺术风格，范围影响到珠江三角洲和广西中南部地区。由于广州地处五岭（越城岭、都庞岭、萌渚岭、骑田岭、大庾岭）之南故称为岭南。广州地区气候宜人，雨水充沛，草木滋润，日照充足，四季开花，具有得天独厚的自然环境。不但人们喜爱当地的自然环境，而且使得盆景这门艺术成为了当地人们生活中的重要组成部分，并且适宜的气候为盆景艺术的发展提供了有力的条件。虽然岭南盆景艺术起步较晚，但也有数百年历史。

岭南派盆景的创作取材选用亚热带和热带常绿细叶树种，九里香树（月橘树）、榕树、福建茶树、水松树、龙柏树、榆树、满天星树、黄杨树、罗汉松树、簕杜鹃树、雀梅树、山桔树、相思树等，树种多达三十余种。在选择盆景制作方案中常以广州人称之为"树仔头"的树桩盆景为主，在构图形式中有单干大树型，或双干式、悬崖式、水影式、一头多干式、附石式和合槇式可供选择。岭南派盆景不但有作树桩盆景的技艺，而且石山盆景也在广州盆景中体现出岭南派的艺术特点。岭南派石山盆景的石品材料主要以英石、方解石、珊瑚石、砂积石为主，其中英石是广东英德的特产，具有皱、瘦、透的特点，故多被石山盆景制作选用。

岭南盆景历史相对较短，产生于明清，而独特风格则是建国后形成。虽然岭南派盆景艺术起步较晚，但也有数百年历史。清朝广东籍著名诗人屈大均，在其所著的《广东新语》中就有较详细的记载。

岭南派盆景有其自身的特点。首先，岭南派盆景艺术家的灵感形成过程受到岭南画派的影响，创造了以"蓄枝截干"为主的独特折枝法构图，形成"挺茂自然，飘逸豪放"的特色。并且，艺术家在创作技艺中体现了手法的独特性，展现出盆景

岭南派盆景

中国古代盆景艺术五大流派

岭南派盆景

主题处于自然，突出枝干技巧，整体形象感由局部衬托出来，整体布局感来源于自然又高于自然，力求自然美与人工美的有机结合，因此岭南派盆景被誉为"活的中国画"。

其次，对于盆景中的"景"与"盆"这两部分，分别给予搭配和选择，力求使"盆"与"景"达到和谐的效果。岭南盆景的制作、陈设和欣赏，有"一景二盆三几"之说，即除景外，盆具和几架的选用也很重要。岭南盆景多用石湾彩陶盆，有圆盘、方盆、多角盆、椭圆盆、长方企、高身盆等，讲究吸水透气、色泽调和、大小适中、古朴优雅。几架有落地式和案架式，多用红木等较名贵的木材制作，使之协调和谐，相映成趣。

最后，善用精修细剪但不暴露出修剪过的痕迹，通过修枝剪叶让植物按照人的意志生长发育，随着时间的流逝，人工剪裁痕迹逐渐消失，各种造型一如天成，巧夺天工，这种技法是岭南盆景的最大亮点。

（五）海派盆景

上海地处我国东部，在长江口南岸，为太湖主要泄水道和航运要道，全境为冲积平原，仅西南境内有佘山等火山岩丘，是我国最大的工业城市，也是我国内陆与海外交通的重要枢纽中心和对外开放的海空港口。上海的对外贸易、商业、金融业一度处于亚洲领先地位，号称"东方明珠"，各种文化艺术交流活动在上海举办且日益增多，上海已成为中国最大的城市之一。因此，上海艺术家们大胆吸收外来的文化艺术，吸收海内外盆景艺术的长处，与上海实际文化思想相结合，达到融会贯通，继承了优秀的文化传统，兼收并蓄，博采众长，逐步形成了海派盆景风格。海派盆景艺术主要分布在上海市及城市周边地区。海派盆景的树种选择非常丰富，以常绿松柏类和形、色并丽的花果类为主，

秀美大方的梅花盆景

中国古代盆景艺术五大流派

111

如罗汉松树、榆树、雀梅树、三角枫树等。树木造型自然，树叶的分布不拘规则，以自然界千姿百态的古树为摹本，用中国画传统树法作参考，有些树木的枝叶虽成片，但与苏派、杨派相比，片数较多、大小不等、形态多样、富有变化，同时对树木的自然美体现在根、树干、枝叶、花果和整体的姿态美，以及随着季节变化的色彩美。

海派盆景以山石、自然树木为主要材料，其中植物又具有生命的特征，山石的自然美主要指山石的质地、形状和色泽所体现出的自然感觉。因此自然美是海派盆景艺术所强调的一个重要主题，海派盆景的主要特点表现在：师法自然，苍古入画；布局合理，富于变化；命名切题，立意深刻，盆景重意命名，

海派盆景

盆景

描绘大自然如同诗文、绘画般沉醉于意境当中，集中反映了艺术家们对"自然美"的体验和感受。

若要知道海派盆景的历史就不得不先了解上海的历史，唐代上海隶属华亭县，宋代开始设立上海镇，元朝至元二十九年（1292 年）设立上海县。鸦片战争后，被帝国主义侵略者强迫清政府辟为商埠。1928 年设上海为非凡市。1930 年改为上海市。 由于上海市历史较短的缘故，海派盆景的诞生与发展的历史自然也就相对较短，因此海派盆景的历史与其他流派历史相比较是最短的，可以追溯到明代，在隆庆、万历年间（1567—1619 年），王鸣韶著的《嘉定三光人传》中写道有关朱小松

海派盆景

中国古代盆景艺术五大流派

院中的盆景

"亦善刻竹，与李长衡、程松园诸先生犹将小树剪扎，供盆盎之玩，一树之植几至十年，故嘉定竹刻盆树闻名于天下，后多习之者"，朱小松将盆景技艺传于其子朱三松。陆延灿的《南村随笔》中记载道："邑人朱三松，择花树修剪，高不盈尺，而奇秀苍古，具虬龙百尺之势，培养数十年方成，或有逾百年者，栽以佳盎，伴以白石，列之几案间。"又有："三松之法不独枝干粗细、上下相称，更搜剔其根，使屈曲必露，如山中千年老树，此非会心人未能遽领其微妙也。"通过《嘉定三光人》与《南春随笔》的介绍可以体会到海派盆景艺术在明代已经发展到相当高的水平。清朝程庭弩的《练水画征录》著作中也有关于海派盆景的记述。

六 盆景艺术的欣赏

花团锦簇的花果类植物盆景

欣赏盆景的方法很多，这里所介绍的欣赏方法主要依据盆景的部位而对其进行欣赏。树庄盆景依观赏部位不同，分为观叶类、观花类、观果类三类。

观叶类主要观赏植物的叶、枝、茎（干）和根的变化。由于植物的叶在四季当中呈现出不同的状态，因此观叶类的特点则是在一年当中会呈现出多种形态与色彩的变化。

千变万化的树桩盆景当中，流派树桩盆景的主体类型: 扬派盆景的松树、柏树、榆树、杨树（瓜子黄杨树）盆景；苏派盆景的桧柏树、真柏树、雀梅树、榆树、三角枫树盆景；

壮观的盆景园

川派盆景的罗汉松树、银杏树盆景；岭南派盆景的九里香树、雀梅树、榆树、福建茶盆景；海派盆景的五针松树、黑松树、罗汉松树、真柏树盆景；通派盆景的罗汉松树、五针松树、黄杨树盆景；浙派盆景的五针松树、桧柏树盆景，这些盆景则属于观叶类树桩盆景的风格。扬州盆景园收藏的明末古柏，是观叶类树桩盆景的代表，其造型千姿百态，神貌如诗似画。

观花类是指以植物的花为主要观赏对象，观赏花的形态、色彩和花期内的变化，同时树桩的叶、枝、茎（干）、根千变万化使得树桩盆景的神貌千姿百态。

观花类树桩盆景包括徽派盆景的龙游梅盆景；川派盆景以贴梗海棠、六月雪盆景等为其主体类型。其他各风格、流派树木盆景虽不以观花类为主体类型，但具有各自地方特色的观花类树桩盆景，如：扬州的疙瘩梅、提篮梅、碧桃、金雀、迎春盆景等；苏州的劈梅、蜡梅、紫薇、迎春盆景等；南通的六月雪、杜鹃盆景等。如：江苏王冲林创作的"金雀"等。观花类树木盆景，造型千姿百态，神貌繁花似锦。

观果类主要观赏植物在果实的生长发育期内的形态、颜色和果实的生长变化，以及叶、枝、茎、干、根的神貌。

观果类树木盆景有川派盆景的金弹子盆景；徐州果树盆景以苹果、梨、山楂盆景等为其主体类型。其他各风格、流派树木盆景虽不以观果类为主体类型，但都具有各自的地方特色，如：扬州的香橼（代代柑）盆景等；苏州的石榴盆景等；上海的海石榴、胡颓子盆景等；南通的虎刺、枸杞盆景等；贵州、湖北各地的火棘盆景等；蚌埠的天竺盆景等；北京的葡萄盆景等；金华的佛手盆景等；广州的金柑、山橘盆景等。如：苏州万景山庄

龙游梅盆景

创作的"鸢尾"。观果类树木盆景，造型千姿百态，神貌红果绿叶。

山石盆景的自然美，主要表现在山石的色泽、质地、纹理、形态。由于各种石料都有其独特的性质，往往表现出与众不同的美感。雪花斧劈石展现给人的是黑色或深灰色的表层颜色，并且石内夹有白色长条，犹如一层白雪夹在石缝中间，斧劈石质坚、挺拔，有阳刚之美，好的石材通过熟练技术加工，制成的盆景挺拔险峻、雄秀兼备，石中央的白色长条，好似瀑布从天而降，使人产生身临其境的感觉。太湖石的特点是质地坚硬，线条柔和且波纹平顺，纹理起伏回转，石的形状玲珑剔

山石盆景

盆景艺术的欣赏

山石盆景

透，且表面有洞孔，这些特点展现了石品柔美的曲线。山石盆景的美主要在于盆景中石品的线条的合理的展现，直线和曲线有机地融为一体。在山石盆景创作当中要特别注意四条曲线的"美"，首先，对于山石的高低要显得错落有致，制作中需要让各个山峰顶部连接起来绘成一条曲线，犹如五线谱上的音阶一样，高低各不相同但有节奏，此为上线要求。其次，山脚部的山石大小不一，有的山坡陡立，有的坡度舒缓，山石山脚曲凹不同，在下部又形成了一条曲线。再次，山水盆景左右两端因山石高低不一，又形成左右两条曲线。最后，一件盆景有四条曲线，就不会显得平淡无奇了。

盆景